科学のアルバム

高山植物の一年

白籏　史朗

あかね書房

もくじ

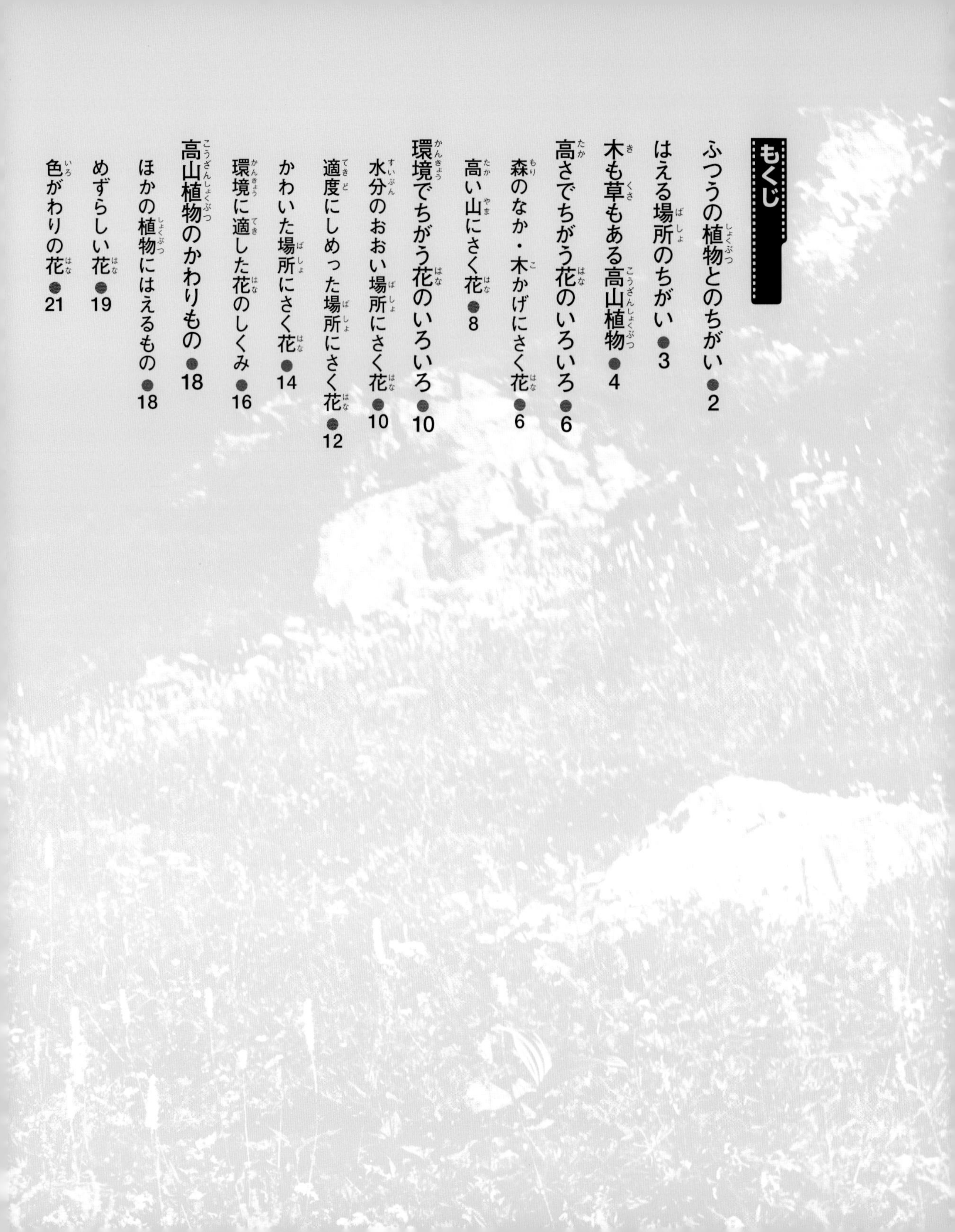

イラスト●太田浜路
渡辺洋二
林 四郎
装丁●画工舎

科学のアルバム

高山植物の一年

白籏史朗（しらはた しろう）

一九三三年、山梨《やまなし》県大月町に生まれる。

一九五八年、フリーの写真家として独立《どくりつ》、以来《いらい》、各種出版物《かくしゅしゅっぱんぶつ》に作品を多数発表。

ヒンズー、クシュ、パミール、ヒマラヤ、アンデスに遠征《えんせい》。

また、ヨーロッパ・アルプス全域《ぜんいき》を取材。山岳《さんがく》写真の個展《こてん》も多数開催《かいさい》する。

一九八四年、山梨県早川町立「白籏史朗山岳写真記念館《きねんかん》」を開設《かいせつ》し、
一九九一年に、独立館として「南アルプス山岳写真館・白籏史朗記念館」を新オープン。

大月市立郷土資料館《きょうどしりょうかん》に「白籏史朗写真館」を併設《へいせつ》。

一九九七年、新潟《にいがた》県越後《えちご》湯沢《ゆざわ》市に「白籏史朗世界山岳写真美術館《びじゅつかん》」を開設。

二〇〇二年、福島《ふくしま》県檜枝岐《ひのえまた》村に「白籏史朗世界尾瀬《おぜ》写真美術館」を開設。

おもな著書《ちょしょ》に「南アルプス」「尾瀬」（共に朝日新聞社）、

「白籏史朗の山」（山と渓谷社）など多数がある。

現在《げんざい》、山岳写真の会「白い峰《みね》」会長、
日本高山植物保護協会《ほごきょうかい》会長、日本写真家協会会員、他多数に所属。

文化賞多数受賞。

人《ひと》のすめない深《ふか》い山《やま》や
高《たか》いアルプス——
そこにも、春《はる》から秋《あき》までの
あいだ、美《うつく》しい花《はな》が
たくさんさきます。
これらの花《はな》を高山植物《こうざんしょくぶつ》と
いいます。

●高山帯《こうざんたい》の草地《くさち》にさく**ミヤマキンポウゲ**。
（キンポウゲ科《か》・花期《かき》7～8月《がつ》・草本《そうほん》・撮影場所《さつえいばしょ》中央《ちゅうおう》アルプス・実物大《じつぶつだい》）

⬆**ウサギギク**　せたけ20～30センチで，葉《は》がウサギの耳《みみ》ににている。（高山植物《こうざんしょくぶつ》・キク科《か》・7月《がつ》・草本《そうほん》・1/2倍《ばい》）

⬆**ヒマワリ**　大《おお》きいものは花《はな》の直径《ちょっけい》が30センチ，せたけ3メートルになる。（さいばい品《ひん》・キク科《か》・7月《がつ》・草本《そうほん》・1/3倍《ばい》）

●ふつうの植物《しょくぶつ》とのちがい

庭《にわ》や花《か》だん、道《みち》ばたにさく花《はな》と高《こう》山《ざん》植物《しょくぶつ》とは、どうちがうのでしょう。

たとえば、ヒマワリとウサギギクをくらべてみますと、おなじキクのなかまで、色《いろ》と形《かたち》はにています。

しかしヒマワリは人間《にんげん》がたねをまいてそだてる花《はな》（さ・い・ば・い・品種《ひんしゅ》）で、ウサギギクは高山《こうざん》にしぜんに芽《め》をだしてさく花《はな》です。

みなさんのまわりの花《はな》はさいばい品《ひん》がおおく、高山植物《こうざんしょくぶつ》は深《ふか》い山《やま》や高《たか》い山《やま》にいかなければ、みることはできません。

↑**タカネバラ**　高山《こうざん》のかわいた場所《ばしょ》，または草地《くさち》にはえる。
（高山植物《こうざんしょくぶつ》・バラ科《か》・７～８月《がつ》・木本《もくほん》・½倍《ばい》）

↑**ハマナシ**　北《きた》の地方《ちほう》の海辺《うみべ》などに群生《ぐんせい》している。**ハマナス**ともいう。
（野外植物《やがいしょくぶつ》・バラ科《か》・７月《がつ》・木本《もくほん》・½倍《ばい》）

●はえる場所《ばしょ》のちがい

人《ひと》がそだてるさいばい品《ひん》でなくても、ふつうの道《みち》ばたや、野原《のはら》でみることのできる花《はな》もあります。

でもこれは野外植物《やがいしょくぶつ》といわれ、高《こう》山植物《ざんしょくぶつ》とは、はえる場所《ばしょ》や高《たか》さによって区別《くべつ》されています。

この野外植物《やがいしょくぶつ》のなかにも、高山植《こうざんしょく》物《ぶつ》と色《いろ》も形《かたち》もそっくりなものがあります。そういうものは、たいていおなじ科《か》（なかま）の植物《しょくぶつ》です。

ハマナシとタカネバラはおなじバラのなかまで、はえる場所《ばしょ》はちがってもそっくりな色《いろ》と形《かたち》です。

↑ミヤマハナシノブ　葉《は》がシダの葉《は》ににていて，美《うつく》しい花《はな》をひらく。
（ハナシノブ科《か》・7月《がつ》・草本《そうほん》・南《みなみ》アルプス・⅔倍《ばい》）

↑キバナノコマノツメ　平地《へいち》のスミレではみられない黄色《きいろ》の花《はな》をひらく。
（スミレ科《か》・7月《がつ》・草本《そうほん》・南《みなみ》アルプス・1倍《ばい》）

●木《き》も草《くさ》もある高山《こうざん》植物《しょくぶつ》

高山《こうざん》植物《しょくぶつ》のなかまはたくさんあります。そのなかのほとんどが美《うつく》しい花《はな》、かわいらしい花《はな》、かわった花《はな》をひらきます。ところが、高山《こうざん》植物《しょくぶつ》には草《くさ》（草本《そうほん》植物《しょくぶつ》）ばかりでなく、木《き》（木本《もくほん》植物《しょくぶつ》）のなかまもあるのです。

小《ちい》さくて地面《じめん》にはりつくようにさいている花《はな》のなかには、こうした木《き》の高山《こうざん》植《しょく》物《ぶつ》がたくさんまじっています。

こうした木《き》のことを矮小《わいしょう》灌木《かんぼく》（ひじょうに小《ちい》さい木《き》といういみ）とよんでいますが、木《き》の大《おお》きさにくらべてずいぶんと大《おお》きな花《はな》をひらきます。

↑**チングルマ**　群《む》れをつくってはえる。実《み》のわた毛《げ》は，おもちゃの風車《かざぐるま》ににている。
（バラ科《か》・6～7月《がつ》・木本《もくほん》・尾瀬《おぜ》・1/2倍《ばい》）

↑**シラタマノキ**　葉《は》は一年《ねん》じゅうみどり色《いろ》(常緑《じょうりょく》)で，かれない。
（ツツジ科《か》・6～7月《がつ》・木本《もくほん》・尾瀬《おぜ》・1倍《ばい》）

→**エゾツツジ**　ツツジのなかでは小《ちい》さいほうで，日本《にっぽん》の北部《ほくぶ》にはえる。
（ツツジ科《か》・7月《がつ》・木本《もくほん》・北海道《ほっかいどう》・2/3倍《ばい》）

カニコウモリ　葉《は》の形《かたち》がカニのこうらや、コウモリが羽《はね》をひろげたすがたににている。木《こ》かげにさく代表的《だいひょうてき》な花《はな》。（キク科《か》・七〜八月《がつ》・草本《そうほん》・中央《ちゅうおう》アルプス・1倍《ばい》）

高《たか》さでちがう花《はな》のいろいろ

森《もり》のなか・木《こ》かげにさく花《はな》

高山植物《こうざんしょくぶつ》といっても、ぜんぶが高《たか》い山《やま》にさくとはかぎりません。低山帯《ていざんたい》、または亜高山帯《あこうざんたい》といわれる高《たか》さ千メートルから二千メートルくらいの山《やま》にも、高山植物《こうざんしょくぶつ》のなかまはたくさんあります。

これくらいの山《やま》には、わりあい大《おお》きな木《き》がおおいので、木《こ》かげやしめったところをすきな植物《しょくぶつ》がそだっています。

草《くさ》も木《き》も、あまりめだたない色《いろ》や形《かたち》のものがおおいですが、なかにはとても美《うつく》しいものもあります。

フシグロセンノウ　ふしの部分《ぶぶん》が黒《くろ》っぽく木《こ》かげなどにさく，めだつ赤《あか》い花《はな》。
(ナデシコ科《か》・7〜9月《がつ》・草本《そうほん》・南《みなみ》アルプス・1倍《ばい》)

サンカヨウ　ひじょうに生長《せいちょう》がはやく，実《み》はあまくてたべられる。
(メギ科《か》・5〜7月《がつ》・草本《そうほん》・尾瀬《おぜ》・⅔倍《ばい》)

アズマシャクナゲ　北関東《きたかんとう》から東北《とうほく》にかけてはえ、ピンク色《いろ》の美《うつく》しい花《はな》をひらく。木《き》の高《たか》さ一〜三メートルになり、高山植物《こうざんしょくぶつ》では大《おお》きいほうにはいる。
(ツツジ科《か》・六月《がつ》・木本《もくほん》・尾瀬《おぜ》・⅓倍《ばい》)

*地衣帯《ちいたい》　正確《せいかく》にいうと、日本《にっぽん》の高山《こうざん》には地衣帯《ちいたい》にあたる場所《ばしょ》はない。ヨーロッパ・アルプスやヒマラヤなどの高山《こうざん》にみられる。

←**ヤマハハコ**　**有名《ゆうめい》なヨーロッパアルプスのエーデルワイスのなかま。わりと低《ひく》いところからかなり高《たか》いところまではえる。**（キク科《か》・八月《がつ》・草本《そうほん》・中央《ちゅうおう》アルプス・1/3倍《ばい》）

●高《たか》い山《やま》にさく花《はな》

二千メートル前後《ぜんご》から上《うえ》の山《やま》のことを亜高山《あこうざん》、または高山帯《こうざんたい》といいます。

また、このあたりの植物《しょくぶつ》のはえかたによって低木帯《ていぼくたい》（低《ひく》い木《き》のはえた場所《ばしょ》）、草本帯《そうほんたい》（草《くさ》のはえたところ）、地衣帯《ちいたい》*（木《き》も草《くさ》もなくてコケなどのはえた場所《ばしょ》）などにわけます。

このなかの低木帯《ていぼくたい》から草本帯《そうほんたい》が、高山植物《こうざんしょくぶつ》のいちばんたくさんあつまっている場所《ばしょ》です。ことに草本帯《そうほんたい》には高山植物《こうざんしょくぶつ》の代表的《だいひょうてき》なものがおおくはえています。

⬆**ミヤマダイコンソウ**　葉《は》にあらい毛《け》があり，葉《は》のつやがダイコンの葉《は》ににている。
（バラ科《か》・7月《がつ》・草本《そうほん》・南《みなみ》アルプス・1/3倍《ばい》）

⬆**チシマギキョウ**　千島《ちしま》ではじめて発見《はっけん》されたのでこの名《な》がある。
（キキョウ科《か》・7～8月《がつ》・草本《そうほん》・中央《ちゅうおう》アルプス・1/2倍《ばい》）

⬇**ミネウスユキソウ**　エーデルワイスのなかまで，数本《すうほん》がかたまってはえている。
（キク科《か》・7月《がつ》・草本《そうほん》・南《みなみ》アルプス・2/3倍《ばい》）

⬇**エゾツガザクラ**　北海道《ほっかいどう》におおくはえるツガザクラのなかま。常緑《じょうりょく》の小《ちい》さな木《き》。
（ツツジ科《か》・7月《がつ》・木本《もくほん》・北海道《ほっかいどう》・1倍《ばい》）

環境《かんきょう》でちがう花《はな》のいろいろ

●水分《すいぶん》のおおい場所《ばしょ》にさく花《はな》

人間《にんげん》も動物《どうぶつ》も、そして植物《しょくぶつ》もまた、水《すい》分《ぶん》がなくてはいきていくことができません。高山植物《こうざんしょくぶつ》もまったくおなじです。ですが、高山植物《こうざんしょくぶつ》のなかでも、とくに水分《すいぶん》をほしがるなかまがあり、これらを湿原植物《しつげんしょくぶつ》といって区別《くべつ》しています。

こうしたなかまがたくさんあつまってさいた場所《ばしょ》を、湿性《しっせい》お花畑《はなばたけ》といいます。

➡**ヒメシャクナゲ**　ややかわいた湿原《しつげん》にはえる。シャクナゲとは花《はな》の形《かたち》がぜんぜんちがう。（ツツジ科《か》・六月《がつ》・木本《もくほん》・尾瀬《おぜ》・1倍《ばい》）

⬅**ニッコウキスゲ**　日光《にっこう》でみつかったのでこの名《な》がある。尾瀬《おぜ》に大群落《だいぐんらく》がある。（ユリ科《か》・七月《がつ》・草本《そうほん》・尾瀬《おぜ》・1/3倍《ばい》）

適度《てきど》にしめった場所《ばしょ》にさく花《はな》

高山植物《こうざんしょくぶつ》といわれるなかまの大部分《だいぶぶん》のものは、適度《てきど》に水分《すいぶん》のあるところにはえています。人間《にんげん》にとって、四季《しき》があり、適度《てきど》に雨《あめ》の日《ひ》やはれた日《ひ》がある、温帯《おんたい》がくらしやすいのとおなじです。

こうした場所《ばしょ》はまた、ほかの場所《ばしょ》にくらべて、土地《とち》に栄養分《えいようぶん》がおおくあり、草《そう》本帯《ほんたい》とよばれているところです。こうした花《はな》のあつまりを中性《ちゅうせい》お花畑《はなばたけ》といいます。

→**シナノキンバイ** 金色《きんいろ》の花《はな》はこのなかまではいちばん大《おお》きいが、花《はな》びらではなくがく。（キンポウゲ科《か》・七～八月《がつ》・草本《そうほん》・北《きた》アルプス・1/2倍《ばい》）

←**南《みなみ》アルプス北岳《きただけ》（三一九二メートル）の中性《ちゅうせい》お花畑《はなばたけ》。ハクサンフウロ・クルマユリ・イワオウギ**などさきみだれている。

➡**タカネヤハズハハコ**　小《ちい》さな花《はな》があつまって一つの花《はな》をつくっている。（キク科《か》・七～八月《がつ》・草本《そうほん》・南《みなみ》アルプス・1/3倍《ばい》）

⬅火山性《かざんせい》の岩原《いわはら》にはえる**コマクサ**の群落《ぐんらく》　ほかの植物《しょくぶつ》のすぐそばにはえることはあまりない。（ケシ科《か》・七月《がつ》・草本《そうほん》・尾瀬《おぜ》）

●かわいた場所《ばしょ》にさく花《はな》

水分《すいぶん》のおおい場所《ばしょ》は、高《たか》さも低《ひく》いところですが、このかわいた場所《ばしょ》は、草本帯《そうほんたい》のもっとも高《たか》い場所《ばしょ》で、地《ち》衣帯《いたい》よりは低《ひく》いところです。中性《ちゅうせい》お花畑《はなばたけ》とちがって、きゅうに花《はな》はすくなくなりますが、岩《いわ》のわれめや、岩《いわ》はだの上《うえ》には、まだたくさんの花《はな》があります。

おもに岩《いわ》や岩原《いわはら》ですから、水分《すいぶん》はひじょうにすくなくなります。そうしたきびしい環境《かんきょう》でもそだつなかまがあつまっており、これを乾性《かんせい》お花畑《はなばたけ》とよんでいます。

←**コマクサ**　高山植物《こうざんしょくぶつ》の女王《じょおう》とよばれる。花《はな》の形《かたち》がウマの顔《かお》ににている。
（ケシ科《か》・七月《がつ》・草本《そうほん》・北海道《ほっかいどう》・1倍《ばい》）

●環境《かんきょう》に適《てき》した花《はな》のしくみ

きびしい自然《しぜん》の条件《じょうけん》のなかでいきぬくため、高山植物《こうざんしょくぶつ》たちは、それぞれにいろんなちえをもっています。

　コマクサの根《ね》は、あのよわよわしい葉《は》やくきからはかんがえられないほど、深《ふか》く地中《ちちゅう》にのびています。くずれやすい火《か》山《ざん》性《せい》の岩《いわ》から身《み》をまもるためです。

　ウラジロキンバイの葉《は》のうらにあるわた毛《げ》も、ホソバヒナウスユキソウをつつむわた毛《げ》も、つよい日《ひ》ざしの熱《ねつ》に水分《すいぶん》をとられるのをふせいでいるのです。

　イワベンケイは、わた毛《げ》のないかわりに、厚《あつ》いサボテンのような葉《は》があります。

ホソバヒナウスユキソウ　上越《じょうえつ》の山《やま》にはえるエーデルワイス。
(キク科《か》・7月《がつ》・草本《そうほん》・尾瀬《おぜ》・2倍《ばい》)

ウラジロキンバイ　ミヤマキンバイににているが，葉《は》のうらに白《しろ》い毛《け》がある。
(バラ科《か》・7～8月《がつ》・草本《そうほん》・南《みなみ》アルプス・¾倍《ばい》)

イワベンケイ(お株《かぶ》)　葉《は》の肉《にく》が厚《あつ》く，お株《かぶ》とめ株《かぶ》がある。
(ベンケイソウ科《か》・7月《がつ》・草本《そうほん》・南《みなみ》アルプス・1倍《ばい》)

⬆**オニク**　うろこのような葉《は》におおわれている。**キムラタケ**ともいうがキノコではない。（ハマウツボ科《か》・8月《がつ》・草本《そうほん》・南《みなみ》アルプス・$\frac{1}{2}$倍《ばい》）

⬆**ナガサルオガセ**　深山《しんざん》の針葉樹《しんようじゅ》や老木《ろうぼく》にたれさがって，長《なが》さ1メートルになることもある。（サルオガセ科《か》・地衣類《ちいるい》・南《みなみ》アルプス・$\frac{1}{10}$倍《ばい》）

高山《こうざん》植物《しょくぶつ》のかわりもの

●ほかの植物《しょくぶつ》にはえるもの

高山《こうざん》植物《しょくぶつ》のなかには、なかなかのかわりものがいます。ブナの木《き》や針《しん》葉樹《ようじゅ》、ときには石《いし》の上《うえ》にはえるサルオガセ、ミヤマハンノキの根《ね》に寄生《きせい》するオニクなどは代表的《だいひょうてき》なものです。

ギンリョウソウは、植物《しょくぶつ》のくさった上《うえ》にはえるので、腐生植物《ふせいしょくぶつ》といいます。

⬆**ギンリョウソウ**　**ユウレイタケ**ともいう。（イチヤクソウ科《か》・6～8月《がつ》・草本《そうほん》・東北《とうほく》・$\frac{1}{2}$倍《ばい》）

ウルップソウ
（ゴマノハグサ科《か》・８月《がつ》・草本《そうほん》・1/4倍《ばい》）

コマウスユキソウ
（キク科《か》・７～８月《がつ》・草本《そうほん》・3/4倍《ばい》）

エゾコウゾリナ
（キク科《か》・７～８月《がつ》・草本《そうほん》・2/3倍《ばい》）

めずらしい花《はな》

日本《にっぽん》の高山植物《こうざんしょくぶつ》にはいろいろめずらしい花《はな》があります。

エゾコウゾリナは北海道《ほっかいどう》アポイ山《ざん》だけにしかなく、コマウスユキソウは中央《ちゅうおう》アルプス、ウルップソウは白《しろ》馬岳《うまだけ》と八ケ岳《やつがたけ》、ホウオウシャジンは南《みなみ》アルプス鳳凰山塊《ほうおうさんかい》だけです。

世界《せかい》で一種《しゅ》一属《ぞく》のキタダケソウは、南《みなみ》アルプス北岳《きただけ》にしかありません。

ホウオウシャジン
（キキョウ科《か》・９月《がつ》・草本《そうほん》・1/3倍《ばい》）

↑南《みなみ》アルプスの北岳《きただけ》にしかない**キタダケソウ**。
（キンポウゲ科《か》・6～7月《がつ》・草本《そうほん》・1倍《ばい》）

●色《いろ》がわりの花《はな》

どんな花《はな》でも、その種類《しゅるい》によって花《はな》の色《いろ》はきまっていますが、ときどき、そのきまった色《いろ》とちがう色《いろ》の花《はな》をさかせるものがあります。

色《いろ》がかわる花《はな》には、もとの色《いろ》が黄《き》色《いろ》の花《はな》はあまりありません。

→**コマクサ**　もとの色《いろ》は、うすべに色《いろ》。

→**タカネマツムシソウ**　もとの色《いろ》は、あおむらさき。

←**エゾツガザクラ**　もとの色《いろ》は、べに色《いろ》か、うすべに色《いろ》。

←**ハクサンフウロ**　もとの色《いろ》は、赤《あか》むらさきか、うすべに色《いろ》。

←**ショウジョウバカマ**　もとの色《いろ》は、赤《あか》むらさき。

高山植物《こうざんしょくぶつ》の一年《ねん》

←三月《がつ》、雪《ゆき》どけはじまる北《きた》アルプスの上高地《かみこうち》。

●雪《ゆき》どけの季節《きせつ》

ふかい雪《ゆき》にうまっていた、高《たか》い山《やま》のながい冬《ふゆ》がおわるのは、三月《がつ》の末《すえ》ころです。しかし、雪《ゆき》がとけるまでには、まだずいぶんと日《ひ》がかかります。

それでも、地面《じめん》のすぐ上《うえ》の雪《ゆき》は、目《め》にみえないところでとけはじめ、谷川《たにがわ》の水《みず》はだんだんとふえ、その水《みず》がまた、川岸《かわぎし》の雪《ゆき》をとかしていきます。

四月《がつ》から五月《がつ》へと、だんだんあたたかくなる太陽《たいよう》の光《ひかり》で、高《たか》い山《やま》の上《うえ》の雪《ゆき》も、

どんどんとけてきます。
山《やま》の上《うえ》にまだのこっている雪《ゆき》の下《した》では、もう高山植物《こうざんしょくぶつ》の芽《め》が顔《かお》をだし、雪《ゆき》がきえるとともに、ぐんぐんのびてきます。

←**キンポウゲ**科《か》の芽《め》。雪《ゆき》の下《した》で、もう顔《かお》をだしている。

←**コバイケイ**の芽《め》は、雪《ゆき》がきえるころ、かれ草《くさ》のなかからあらわれる。

←メキャベツのような**イワベンケイ**の芽《め》。一株《かぶ》からたくさんの芽《め》が。

➡ 紫《し》かっ色《しょく》のほう葉《よう》につつまれたダルマのような**ザゼンソウ**。（サトイモ科《か》・五～六月《がつ》・草本《そうほん》・尾瀬《おぜ》・1/3倍《ばい》）

⬅ 山中《さんちゅう》のどこでも、まっさきに芽《め》をだす**フキノトウ**。（キク科《か》・三～四月《がつ》・草本《そうほん》・東北《とうほく》・1倍《ばい》）

● 春《はる》

高《たか》い山《やま》がまだ深《ふか》い雪《ゆき》にうまっていても、それより低《ひく》い高原《こうげん》や山《やま》のなかでは、もう早《はや》い春《はる》がやってきます。

フキノトウは三月《がつ》からさきだし、春《はる》のかおりをみなさんのところにはこびます。

四月《がつ》ころから雪《ゆき》の下《した》で芽《め》をだし、じっとがまんをしていたザゼンソウやミズバショウは、ほんとうに春《はる》の花《はな》というかんじです。

ザゼンソウにくらべて、まっ白《しろ》な花《はな》びらのようにみえるミズバショウの群落《ぐんらく》は、尾瀬《おぜ》が有名《ゆうめい》です。

●至仏山《しぶつさん》(2228メートル)を背景《はいけい》に，尾瀬ケ原《おぜがはら》のミズバショウ群落《ぐんらく》。

↑白《しろ》い花《はな》びらのようにみえるのはほう葉《よう》。なかに小《ちい》さい花《はな》があつまる。
（サトイモ科《か》・5～6月《がつ》・草本《そうほん》・1/4倍《ばい》）

大《おお》きく手《て》をひろげたようなショウジョウバカマの花《はな》。
（ユリ科《か》・５～６月《がつ》・草本《そうほん》・尾瀬《おぜ》・½倍《ばい》）

リュウキンカは，ちょうど金色《きんいろ》のウメの花《はな》のよう。
（キンポウゲ科《か》・５～６月《がつ》・草本《そうほん》・尾瀬《おぜ》・１倍《ばい》）

ミズバショウといっしょに、春《はる》の水《みず》のほとりにさくのは、リュウキンカの金色《きんいろ》の花《はな》です。

ショウジョウバカマは、草《くさ》むらのなかでおどけたかんじで首《くび》をふっています。

まだかれ草色《くさいろ》の草原《そうげん》のなかをそっとさがしてみると、きっとタテヤマリンドウの青《あお》むらさきの花《はな》や、ミツバオウレンのかわいらしい花《はな》がみつかることでしょう。

そして、あかるい林《はやし》のなかやとうげの道《みち》に、タムシバの白《しろ》い花《はな》びらがひるがえるようになればもう夏《なつ》です。

↑**ニオイコブシ**ともいわれる**タムシバ**。初夏《しょか》のおとずれをつげる。
（モクレン科《か》・5～7月《がつ》・木本《もくほん》・尾瀬《おぜ》・½倍《ばい》）

クロユリ　だれもがあこがれるが，においはあまりよくない。
（ユリ科《か》・7月《がつ》・草本《そうほん》・南《みなみ》アルプス・½倍《ばい》）

キバナシャクナゲ　小《ちい》さな木《き》ににあわない大《おお》きな花《はな》をつける。
（ツツジ科《か》・7月《がつ》・木本《もくほん》・南《みなみ》アルプス・½倍《ばい》）

夏《なつ》

つよい夏《なつ》のひざしをうけて、高山《こうざん》植物《しょくぶつ》はつぎつぎと花《はな》をひらきます。六月《がつ》の末《すえ》から七月《がつ》、そして八月《がつ》のなかばまでの高《たか》い山《やま》は、ほんとうにすばらしい天国《てんごく》の花《はな》そのままといってよいでしょう。

赤《あか》から黄《き》、青《あお》、むらさき、白《しろ》と色《いろ》とりどりにさく花《はな》は、また形《かたち》もさまざまです。花《はな》のかおりにさそわれて、チョウやアブも、うっとりとさまよっています。

みじかい夏《なつ》のあいだを、こうした花《はな》たちはせいいっぱいいきています。

葉《は》がモミジの形《かたち》にている**モミジカラマツ**と南《みなみ》アルプス鳳凰三山《ほうおうさんざん》。
（キンポウゲ科《か》・7～8月《がつ》・草本《そうほん》・½倍《ばい》）

●たくさんの花《はな》がさきみだれる南《みなみ》アルプス北岳《きただけ》(3192メートル)のお花畑《はなばたけ》。このあたりは中性《ちゅうせい》のお花《はな》畑《ばたけ》。むこうは残雪《ざんせつ》をつけた間ノ岳《あいのたけ》(3189メートル)。

⬆**ハクサンイチゲ**　イチゲ（花《はな》が一つのいみ）といっても花《はな》はたくさん。（キンポウゲ科《か》・6～8月《がつ》・草本《そうほん》・南《みなみ》アルプス・½倍《ばい》）

⬆**ハクサンフウロ**　中性《ちゅうせい》のお花畑《はなばたけ》におおく，赤《あか》むらさきの花《はな》をつける。（フウロソウ科《か》・7～8月《がつ》・草本《そうほん》・北《きた》アルプス・⅔倍《ばい》）

➡**北《きた》アルプス白馬岳《しろうまだけ》から、白馬鑓ケ岳《しろうまやりがたけ》とミヤマキンポウゲ**（キンポウゲ科《か》・七～八月《がつ》・草本《そうほん》・1倍《ばい》）

⬅**ミヤマキンバイ**　ウラジロキンバイとにているが、葉《は》のうらにわた毛のないことで区別《くべつ》する。（バラ科《か》・七～八月《がつ》・草本《そうほん》・南《みなみ》アルプス・1倍《ばい》）

タカネマツムシソウ　秋《あき》のはじめのころ，高《こう》山《ざん》に群落《ぐんらく》でさく。
（マツムシソウ科《か》・８～９月《がつ》・草本《そうほん》・南《みなみ》アルプス・3/4倍《ばい》）

ウメバチソウ　ウメそっくりの小《ちい》さな花《はな》をひらく。
（ユキノシタ科《か》・８～10月《がつ》・草本《そうほん》・尾瀬《おぜ》・2/3倍《ばい》）

●秋《あき》

高《たか》い山《やま》の秋《あき》は、都会《とかい》や町《まち》でかんがえるより、ずっと早《はや》く、それもとつぜんにやってきます。

八月《がつ》のなかばをすぎると、山《やま》ではもう秋《あき》といってよいでしょう。そして、高山植物《こうざんしょくぶつ》たちも、秋《あき》にさく花《はな》とこうたいします。

リンドウやキキョウのなかまがおおくなり、色《いろ》ははなやかでも、秋《あき》の花《はな》はどこかさびしい、といったかんじがします。

そろそろ、初雪《はつゆき》がやってくる季節《きせつ》なのです。

↑**サワギキョウ**　秋《あき》の水《みず》べに群《む》れて，むらさき色《いろ》の花《はな》をさかせる。
（キキョウ科《か》・8～9月《がつ》・草本《そうほん》・尾瀬《おぜ》・¼倍《ばい》）

↑**ミヤマアキノキリンソウ**　日本中部《にっぽんちゅうぶ》から北《きた》の高原《こうげん》や高山《こうざん》にさく。
（キク科《か》・8～9月《がつ》・草本《そうほん》・南《みなみ》アルプス・⅓倍《ばい》）

↓**トウヤクリンドウ**　センブリとおなじつよいにがみがあり，くすりになる。
（リンドウ科《か》・8～9月《がつ》・草本《そうほん》・北《きた》アルプス・½倍《ばい》）

↓**オヤマノリンドウ**　花《はな》はあまり大《おお》きくはひらかない。秋《あき》の代表的《だいひょうてき》な花《はな》。
（リンドウ科《か》・8～9月《がつ》・草本《そうほん》・中央《ちゅうおう》アルプス・½倍《ばい》）

●高《こう》山《ざん》植《しょく》物《ぶつ》の実《み》

花《はな》がさきおわると、たいていの高《こう》山《ざん》植《しょく》物《ぶつ》は実《み》をむすびます。実《み》は、子孫《しそん》をのこすためにひつようなものです。

色《いろ》や形《かたち》にはいろいろあり、風《かぜ》にはこんでもらうもの、しゃ面《めん》をころがるもの、小鳥《ことり》の食用《しょくよう》になってはこばれるものなど、ふえるためのちえもいろいろです。

→チングルマ 実《み》は風《かぜ》にはこばれてふえる。

←ヒロハノツリバナ 実《み》はしゃ面《めん》をころがってふえる。

←シラタマノキ 実《み》は小鳥《ことり》などにたべられてはこばれ、ふえる。

←クロマメノキ 実《み》は小鳥《ことり》などにたべられてはこばれ、ふえる。

⬆南《みなみ》アルプス甲斐駒ケ岳《かいこまがたけ》(2966メートル)と**ダケカンバ**の黄葉《こうよう》。

●紅葉《こうよう》

日本《にっぽん》の秋《あき》を美《うつく》しくかざる紅葉《こうよう》は、中国《ちゅうごく》のほかは、世界《せかい》でもあまりみられないものです。

これは日本《にっぽん》に、モミジやウルシなどがおおいことにもよりますが、そのほかの木《き》の葉《は》でも草《くさ》でも、ひじょうにあざやかな色《いろ》になります。

ことに高山《こうざん》の紅葉《こうよう》(黄葉《こうよう》)は、世《せ》界《かい》一といってもよい美《うつく》しさです。

⬆まっさきに高山《こうざん》をかざる，**ウラシマツツジ**の紅葉《こうよう》。
(ツツジ科《か》・木本《もくほん》・南《みなみ》アルプス・1/4倍《ばい》)

紅葉《こうよう》もおわり、十月《がつ》ころからふりつもる雪《ゆき》は、やがてお花畑《はなばたけ》をすっかりおおいかくしてしまいます。
雪《ゆき》の下《した》で春《はる》をまって、花《はな》たちのねむりがはじまるのです。

●新雪《しんせつ》におおわれた尾瀬《おぜ》ケ《が》原《はら》と燧岳《ひうちだけ》（2346メートル）。

＊高《こう》山《ざん》植《しょく》物《ぶつ》の歴《れき》史《し》

動《どう》物《ぶつ》も植《しょく》物《ぶつ》も、あらゆる生《せい》物《ぶつ》は環《かん》境《きょう》によってかわり、環《かん》境《きょう》にあった生《せい》活《かつ》をおくるようになります。高《こう》山《ざん》植《しょく》物《ぶつ》も、もとは極《きょく》地《ち》方《ほう》（北《ほっ》極《きょく》や南《なん》極《きょく》にちかい寒《さむ》い地《ち》方《ほう》）に分《ぶん》布《ぷ》していた植《しょく》物《ぶつ》でした。

それが、今《いま》から一万《まん》年《ねん》〜百《ひゃく》万《まん》年《ねん》まえにあった氷《ひょう》河《が》期《き》に、地《ち》球《きゅう》上《じょう》の大《だい》部《ぶ》分《ぶん》が氷《こおり》におおわれて環《かん》境《きょう》がにてきたので、しだいにあちこちへひろがってふえました。

⬆ヨーロッパ・アルプスにあるアレッチ氷《ひょう》河《が》。現《げん》在《ざい》もみることのできる氷《ひょう》河《が》地《ち》形《けい》のひとつ。

しかし、また気《き》候《こう》があたたかくなってきたので、しだいに極《きょく》地《ち》方《ほう》にしりぞいていきましたが、そのときの一部《ぶ》が、あたたかくなった時《じ》代《だい》でも、環《かん》境《きょう》のにている高《たか》い山《やま》にのぼって、そこにのこったのです。

こうした高《こう》山《ざん》植《しょく》物《ぶつ》と、じっさいに寒《さむ》い地《ち》方《ほう》にある植《しょく》物《ぶつ》とくらべてみると、おなじなかまや、にた種《しゅ》類《るい》が多《おお》いのがわかります。でも、ながい年《ねん》月《げつ》をへた現《げん》在《ざい》では、その土《と》地《ち》の環《かん》境《きょう》にあった植《しょく》物《ぶつ》が、それぞれの地《ち》方《ほう》に分《ぶん》布《ぷ》して、ときにはその地《ち》方《ほう》にしかないものもたくさんできました。南《みなみ》アルプスの北《きた》岳《だけ》にしかない、キタダケソウなどがその例《れい》です。

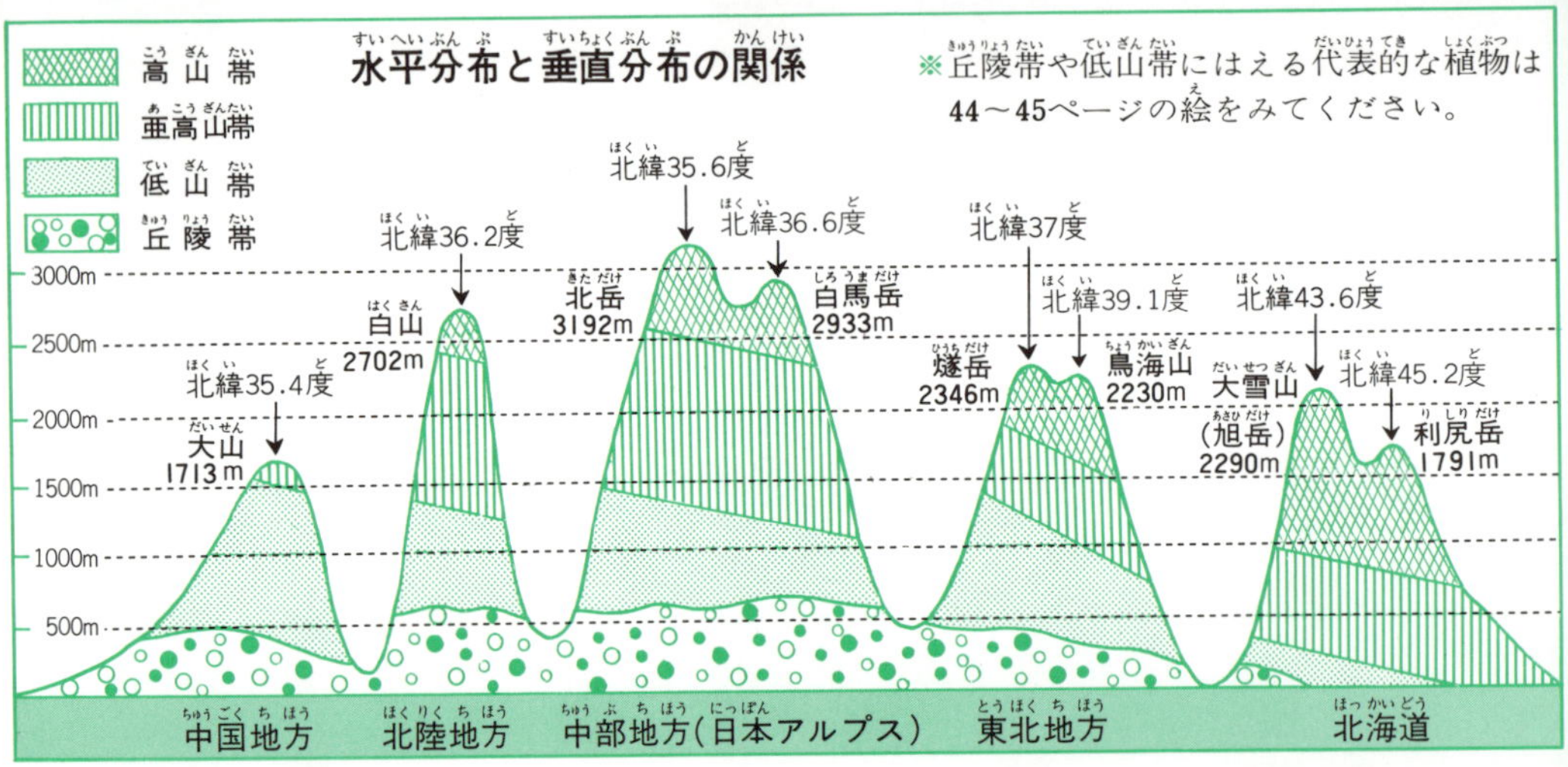

＊植物《しょくぶつ》の水平分布《すいへいぶんぷ》と垂直分布《すいちょくぶんぷ》

日本《にっぽん》では、高山植物《こうざんしょくぶつ》は、かならず高《たか》い山《やま》にしかないのでしょうか。南北《なんぼく》に長《なが》い日本《にっぽん》は、南《みなみ》と北《きた》とでは気候《きこう》がちがいます。そのため九州《きゅうしゅう》と北海道《ほっかいどう》では、はえている植物《しょくぶつ》がちがっています。これを植物《しょくぶつ》の水平分布《すいへいぶんぷ》といいます。

また、土地《とち》の高《たか》さによっても気候《きこう》がちがい、海岸《かいがん》から高《たか》い山《やま》まで、高《たか》さにおうじて、はえている植物《しょくぶつ》の種類《しゅるい》がちがいます。これを植物《しょくぶつ》の垂直分布《すいちょくぶんぷ》といいます。

垂直分布《すいちょくぶんぷ》でみると、高山植物《こうざんしょくぶつ》はふつう二千《せん》四百《ひゃく》《メートル》以上《いじょう》の高山《こうざん》にはえています。ところが、これは本州中部《ほんしゅうちゅうぶ》の高山《こうざん》（南《みなみ》・北《きた》・中央《ちゅうおう》アルプスや八ヶ岳《やつがたけ》など）にだけいえることで、東北地方《とうほくちほう》にいくと、千《せん》五百《ひゃく》《メートル》から二千《せん》《メートル》くらいの高《たか》さにはえています。さらに北海道《ほっかいどう》になると千《せん》《メートル》以下《いか》、ときには海岸《かいがん》ちかくに高山植物《こうざんしょくぶつ》がはえています。

これは、地球《ちきゅう》の緯度《いど》が高《たか》くなるにつれて、つまり日本《にっぽん》では北《きた》へいくにしたがって、寒帯《かんたい》（北緯《ほくい》・南緯《なんい》の各《かく》六十六・五度《ど》以上《いじょう》の北極《ほっきょく》・南極《なんきょく》にちかい地方《ちほう》）にちかづき、高山《こうざん》にた環境《かんきょう》になるからです。

上《うえ》の図《ず》から高山植物《こうざんしょくぶつ》の分布《ぶんぷ》は、中部地方《ちゅうぶちほう》から北海道《ほっかいどう》までひろがっており、はえる高《たか》さは、北《きた》へいくほど低《ひく》くなることがわかります。

⬆くずれた土《つち》や砂《すな》のたまった地形《ちけい》はいがいと養分《ようぶん》があり，植物《しょくぶつ》をそだてる。

⬆ふくざつな山《やま》ひだにのこった雪《ゆき》は，水《すい》分《ぶん》をゆたかにたもって植物《しょくぶつ》をそだてる。

＊高山《こうざん》植物《しょくぶつ》の環境《かんきょう》

高山《こうざん》植物《しょくぶつ》のはえるような山《やま》は、一年《ねん》のうち、半年《はんとし》以上《いじょう》も雪《ゆき》でとざされ、山《やま》はけわしく、たいらな場所《ばしょ》も少《すく》なく、しゃ面《めん》やがけがほとんどです。そうしたしゃ面《めん》や山《やま》ひだの角度《かくど》はさまざまで、太陽《たいよう》の光《ひかり》のあたる角度《かくど》やつよさも、平地《へいち》にくらべるとずいぶんわるい条件《じょうけん》です。場所《ばしょ》によって、風向《かざむ》きや、雪《ゆき》のつもる量《りょう》もちがってきます。

このようないろいろな条件《じょうけん》が高山植物《こうざんしょくぶつ》にありますが、それぞれにあった環境《かんきょう》のもとに高山植物《こうざんしょくぶつ》がはえています。たくさんの雪《ゆき》がのこり、水分《すいぶん》がひじょうに多《おお》い、湿地《しっち》のようなところでは、ミズバショウやハクサンコザクラ、コバイケイなどが群落《ぐんらく》をつくっています。また山腹《さんぷく》の適《てき》度《ど》に水分《すいぶん》をふくんだ、日《ひ》あたりのよい場所《ばしょ》には、ハクサンイチゲやクロユリ、ミヤマキンポウゲがあつまります。

さらに尾根《おね》や岩場《いわば》などのかんそうしたところには、コマクサやウスユキソウなどがかたまってはえています。イワヒゲは、岩《いわ》のわれめに深《ふか》く根《ね》をおろしてさきます。

環《かん》境《きょう》	高《こう》山《ざん》植《しょく》物《ぶつ》名《めい》
乾《かん》性《せい》お花《はな》畑《ばたけ》	コマクサ，チシマギキョウ，イワギキョウ，ガンコウラン，ミネズオウ，ウラシマツツジ，トウヤクリンドウ，イワツメクサ，イワオウギ，ミヤマダイコンソウ，タカネニガナ，イワウメ，イワヒゲ，ジムカデ，ミヤマクワガタ，タカネスミレ，ミヤマオトコヨモギ，オンタデ，イワブクロ，ミヤマミミナグサ，イワベンケイ，ミヤママンネングサ，ヒメシャジン，タカネマツムシソウ，ヒナコゴメグサ，イワオトギリ，タカネバラ，ムカゴトラノオ，ムカゴユキノシタ，ツガザクラ，コケモモ，オヤマノエンドウ，チョウノスケソウ，シコタンソウ，ミヤマオダマキ，ミヤマムラサキ，ミネウスユキソウ，コマウスユキソウ，ヒナウスユキソウ，ホソバヒナウスユキソウ，ハヤチネウスユキソウ
中《ちゅう》性《せい》お花《はな》畑《ばたけ》	ウサギギク，ミヤマアズマギク，タカネコウゾリナ，ヨツバシオガマ，ミヤマシオガマ，オヤマノリンドウ，マルバダケブキ，キバナノコマノツメ，オオバキスミレ，グンナイフウロ，ハクサンフウロ，ミヤマハナシノブ，ハクサンイチゲ，ミヤマキンポウゲ，シロウマオオギ，タイツリオウギ，タカネナデシコ，クルマユリ，クロユリ，シロウマアサツキ，コイワカガミ，モミジカラマツ，ハクサントリカブト，ホソバトリカブト，キタダケソウ，キタダケヨモギ，キタダケトリカブト，タカネツリガネニンジン，ハゴロモグサ，アラシグサ，イブキトラノオ
湿《しっ》性《せい》お花《はな》畑《ばたけ》	ミズバショウ，ザゼンソウ，リュウキンカ，ショウジョウバカマ，ワタスゲ，サギスゲ，イワイチョウ，タテヤマリンドウ，ヒメシャクナゲ，ハクサンコザクラ，ヒオウギアヤメ，カキツバタ，コバイケイ，ミツバオウレン，ミズギボシ，キンコウカ，サワラン，トキソウ，サワギキョウ，シナノキンバイ，イワショウブ，ナガバノモウセンゴケ，ニッコウキスゲ，ハクサンチドリ，ムシトリスミレ，ミヤマイ，ミネハリイ，ミズギク，タカネヨモギ

イワギキョウ（乾《かん》性《せい》）

クロユリ（中《ちゅう》性《せい》）

ミズバショウ（湿《しっ》性《せい》）

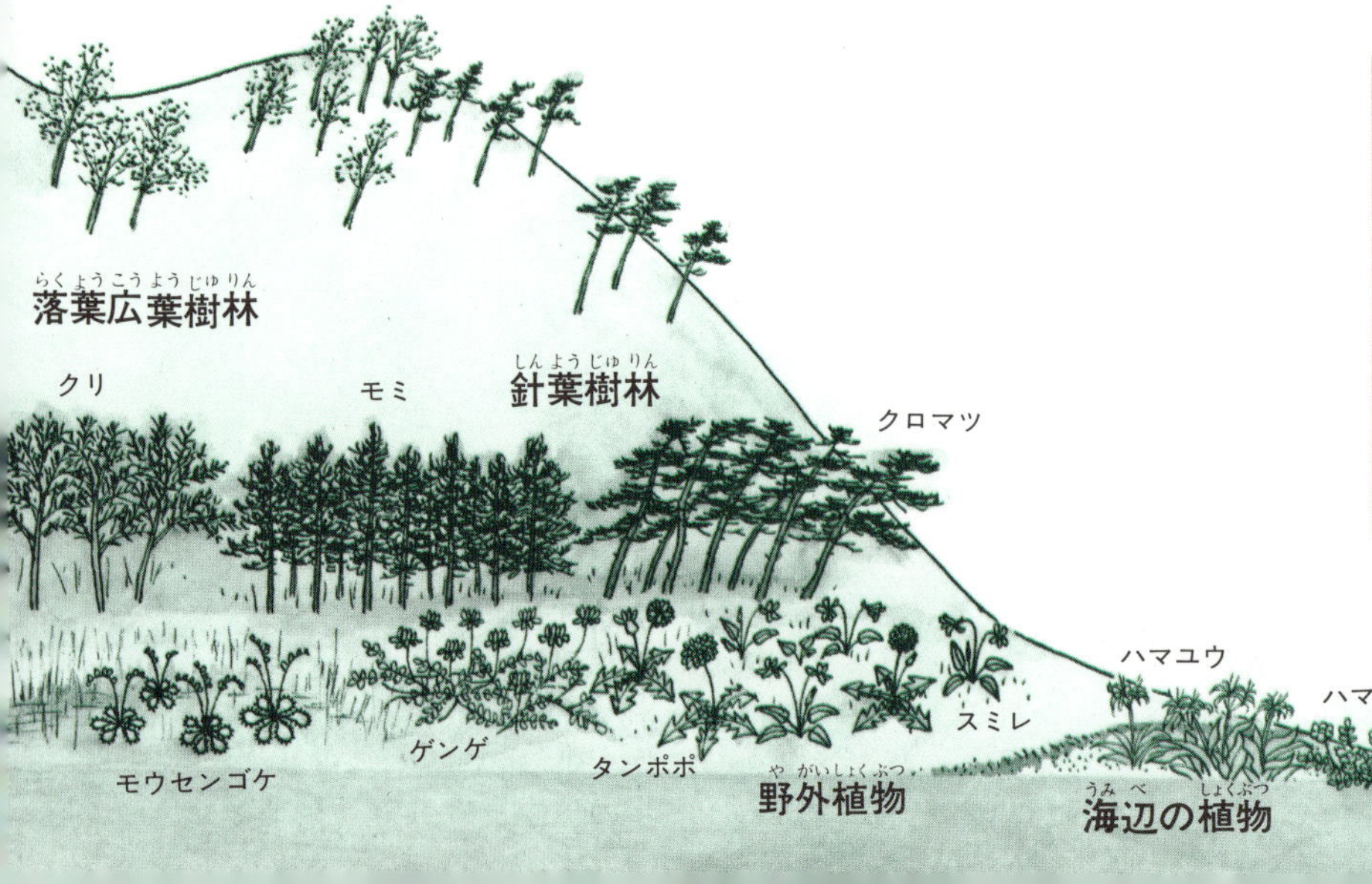

植物《しょくぶつ》の垂直分布《すいちょくぶんぷ》と高山植物《こうざんしょくぶつ》の環境《かんきょう》

※絵《え》は本州中部地方《ほんしゅうちゅうぶちほう》の高山《こうざん》を例《れい》にしました

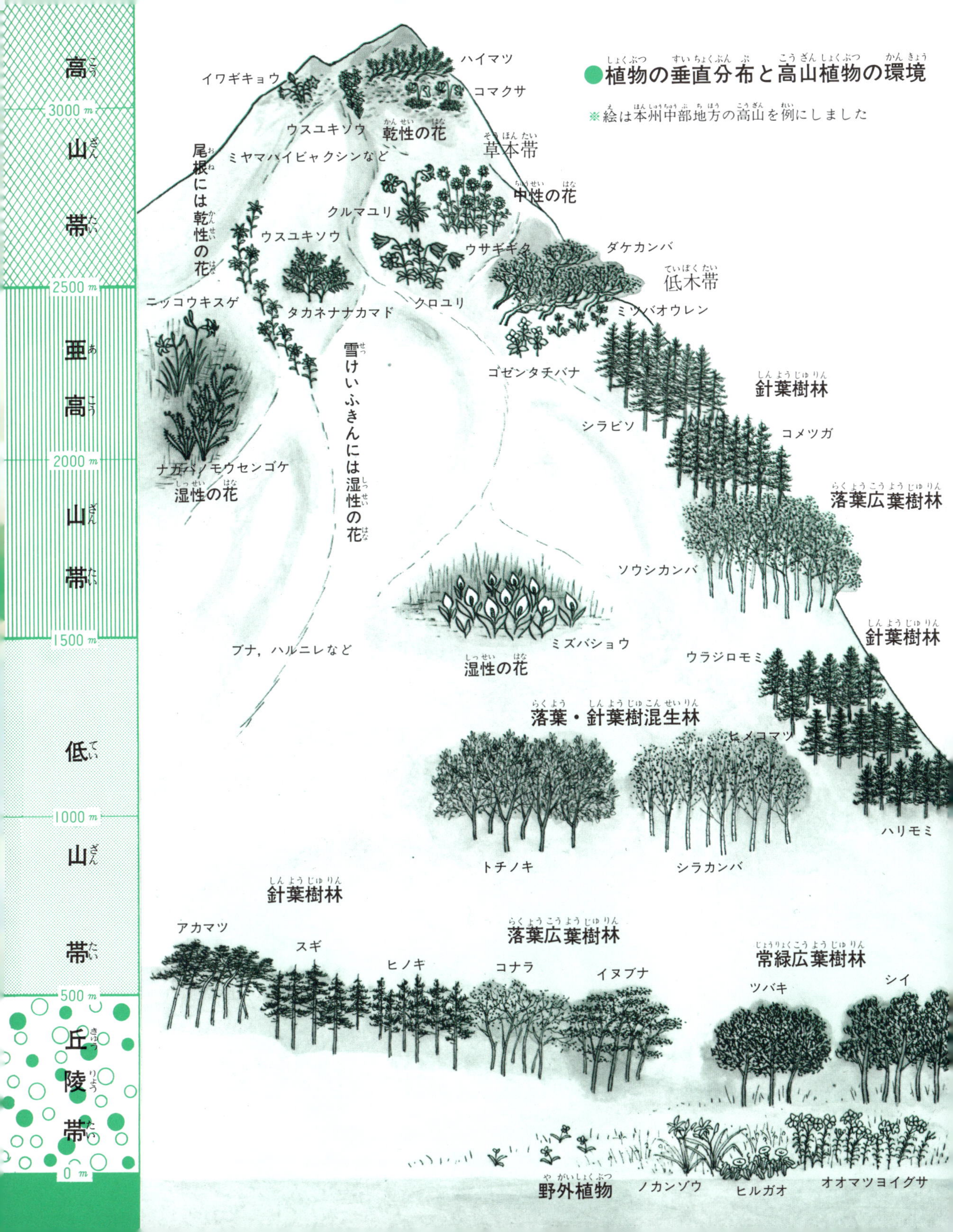

＊高山《こうざん》植物《しょくぶつ》の生活《せいかつ》

高山《こうざん》の一年《ねん》は、平地《へいち》のように春夏秋冬《はるなつあきふゆ》を、それぞれ三か月《げつ》ずつでわけることはできません。春《はる》になったかとおもえば、すぐ夏《なつ》になり、秋《あき》から冬《ふゆ》へとあっというまにかわってしまいます。そして一年《ねん》のうち、冬《ふゆ》にあたる期間《きかん》が平地《へいち》とくらべてずっとながく、一年間《ねんかん》の平均気温《へいきんきおん》もずっと低《ひく》いのです。

高山《こうざん》では、平地《へいち》ではまだ秋《あき》のさかりである十月《がつ》なかば、ときには十月《がつ》はじめから冬《ふゆ》にはいります。それは、高山《こうざん》に根雪《ねゆき》（春《はる》までとけない雪《ゆき》）がつけば、もう冬《ふゆ》になったということです。

⬆雪《ゆき》につつまれた南《みなみ》アルプス・赤石岳《あかいしだけ》（3120メートル）。

ながい冬《ふゆ》がおわり、平地《へいち》ではもうたくさんの花《はな》がさきちった、五月《がつ》なかばから六月《がつ》なかば、高山植物《こうざんしょくぶつ》はようやく雪《ゆき》の下《した》で芽《め》をだします。これは山《やま》の高《たか》さや、高山植物《こうざんしょくぶつ》の種類《しゅるい》によって、その時期《じき》がちがいます。

ミズバショウやリュウキンカ、ショウジョウバカマなどは、あまり高《たか》くない場所《ばしょ》にはえ、おまけに早《はや》ざきの種《しゅ》類《るい》なので、五月《がつ》なかばから六月《がつ》にかけて花《はな》をさかせます。それにつづいて、タムシバやコブシやアズマシャクナゲ、シラネアオイなどがさきます。七月《がつ》にはいると、ハクサンイチゲ、ハクサンコザクラ、ニッコウキスゲ、ミヤマシオガマ、キバナシャクナゲなどが、まっさきにさきます。

七月《がつ》なかばから八月《がつ》なかばにかけて、この時期《じき》がようやく平地《へいち》とにた気候《きこう》になるので、のこりのほとんどの高山植物《こうざんしょくぶつ》がいっせいにさき、お花畑《はなばたけ》となります。コマクサ、ミヤマキンポウゲ、シナノキンバイ、ミヤマオダマキ、ミヤマダイコンソウ、チシマギキョウ、クルマユリ、ウサギギク、チョウノスケソウ、タカネビランジ、ツガザクラのなかまや、ウスユキソウのなかまも、この時期《じき》にさく花《はな》です。この時期《じき》の山《やま》こそ、ほんとうに天国《てんごく》の花《はな》ぞのといった感《かん》じです。天《てん》候《こう》も安定《あんてい》し、高山植物《こうざんしょくぶつ》を観察《かんさつ》するのにもっとも適《てき》した期間《きかん》といえます。

八月《がつ》もなかばをすぎると、山《やま》はもう秋《あき》にはい

↑北《きた》アルプス・白馬岳《しろうまだけ》のお花畑《はなばたけ》。高山《こうざん》の夏《なつ》は花《はな》をいっせいにさかせる。

←上、ショウジョウバカマの花《はな》（赤《あか》むらさき色《いろ》）。下《した》、ハクサンコザクラ（こいピンク色《いろ》）。

花《はな》でみる高山《こうざん》と平地《へいち》の一年《ねん》

※平地《へいち》は東京《とうきょう》ふきん，高山《こうざん》は日本《にっぽん》アルプスの例《れい》

月《つき》	12月《がつ》	1月《がつ》	2月《がつ》	3月《がつ》	4月《がつ》	5月《がつ》	6月《がつ》	7月《がつ》	8月《がつ》	9月《がつ》	10月《がつ》	11月《がつ》
平地《へいち》の花《はな》	サザンカ	フクジュソウ	マーガレット	ウメ	チューリップ	ツツジ	ハナショウブ	アサガオ	ハス	モクセイ	コスモス	キク
平地《へいち》の季節《きせつ》		冬《ふゆ》			春《はる》			夏《なつ》			秋《あき》	
高山《こうざん》の花《はな》						ミズバショウ	アズマシャクナゲ	コマクサ	シナノキンバイ　トウヤクリンドウ	ホウオウシャジン	コケモモの実《み》	
高山《こうざん》の季節《きせつ》			冬《ふゆ》				春《はる》	夏《なつ》		秋《あき》		冬《ふゆ》

ります。高山《こうざん》植物《しょくぶつ》のなかまも、秋《あき》の花《はな》といわれるリンドウのなかまが多《おお》くなります。

まず、トウヤクリンドウやオヤマノリンドウにはじまり、ホソバトリカブト、サワギキョウ、ミヤマアキノキリンソウなどがさきつぎ、サンプクリンドウやシロウマリンドウのような小《ちい》さな花《はな》がさいて、秋《あき》のおわりをつげます。あとは、ウラシマツツジやウラジロナナカマドの紅葉《こうよう》となって、高山《こうざん》植物《しょくぶつ》の一年《ねん》がおわります。

このように高山《こうざん》植物《しょくぶつ》の生活《せいかつ》は、ひじょうにみじかいあいだに、芽《め》をだし、花《はな》をさかせ、実《み》をむすばなければなりません。三か月《げつ》から四か月《げつ》くらいのあいだに、一年《ねん》の仕事《しごと》をしてしまわなければなりません。高山《こうざん》植物《しょくぶつ》が、平地《へいち》の植物《しょくぶつ》にくらべて、みじかい期間《きかん》にいっせいにさきそろうのは、こうしたわけがあるのです。

➡ホソバトリカブト(青《あお》むらさき色《いろ》)。

➡ウラジロナナカマドの実《み》と紅葉《こうよう》。

↑シロウマリンドウ(うすむらさき色《いろ》)

草《くさ》には一、二年草《ねんそう》と多年草《たねんそう》があります。一年草《ねんそう》は、たねから芽《め》をだし、花《はな》をさかせ、実《み》をつくるまでを一年以内《ねんいない》でおこなうなかまで、二年草《ねんそう》は、それが二年間《ねんかん》かかるものです。多年草《たねんそう》は、葉《は》やくきがかれても、根《ね》や地下茎《ちかけい》のような地下《ちか》の部分《ぶぶん》がいきていて、毎年新《まいねんあたら》しく芽《め》をだすものです。

人間《にんげん》がつくるさいばい品種《ひんしゅ》のなかまは、一、二年草《ねんそう》と多《た》年草《ねんそう》がおなじくらいずつあります。ところが、高山植物《こうざんしょくぶつ》では、多年草《たねんそう》がほとんどで、たねでふえる一、二年草《ねんそう》は、タテヤマリンドウ、シロウマリンドウ、オノエリンドウ、タ

↑タテヤマリンドウ(赤《あか》, または青《あお》っぽいうすむらさき色《いろ》)

↓ヒナコゴメグサ(うす黄色《きいろ》)

↑ひじょうにながい根《ね》をもつオンタデ。花《はな》の色《いろ》は白《しろ》，またはべに色《いろ》がある。

↑厚《あつ》い葉《は》をもったミヤママンネングサ。小《ちい》さな黄色《きいろ》の花《はな》をさかせる。

カネセンブリ、ヒメセンブリ、タカネマツムシソウ、それにコゴメグサのなかまなど、かぞえるほどしかありません。

もちろん高山植物《こうざんしょくぶつ》も、たねをつくり子孫《しそん》をふやしていくのですが、たねがこぼれても、きびしい環境《かんきょう》の高山《こうざん》では、くさってしまったり、風《かぜ》にとばされたりして、芽《め》がでにくいのです。

それにくらべて、根《ね》でしっかりと土《つち》の中《なか》にいきていれば、風《かぜ》にとばされたり、動物《どうぶつ》たちにたべられたりする心配《しんぱい》がありません。そのため、高山植物《こうざんしょくぶつ》には多年草《たねんそう》が多《おお》くなったのでしょう。

高山植物《こうざんしょくぶつ》はいきていくために、じぶんにあった環《かん》境《きょう》にすんだり、また、その環境《かんきょう》にあわせてじぶんをかえたりします。じぶんで歩《ある》くことのできない高山《こうざん》植物《しょくぶつ》は、環境《かんきょう》にあわせるしか方法《ほうほう》がないのです。

たとえば、ウスユキソウやハハコグサのなかまのように、乾性《かんせい》お花畑《はなばたけ》に花《はな》をさかせるものには、水分《すいぶん》の蒸発《じょうはつ》をふせぐわた毛《げ》があります。またベンケイソウのなかまは、厚《あつ》い多肉質《たにくしつ》の葉《は》で水分《すいぶん》の保存《ほぞん》をおこない、タデのなかまは、ながい地下茎《ちかけい》を地中深《ちちゅうふか》くのばし、水分《すいぶん》をすいあげます。

コマクサは、ほかの植物《しょくぶつ》よりもたくさん日光《にっこう》をひつようとします。そこで、ほかの植物《しょくぶつ》がはえて草《くさ》かげになるような場所《ばしょ》はさけて、くずれやすい砂地《すなち》や石《いし》原《はら》にさくようになりました。そのため、ながい根《ね》がひつようになったのです。

⬆ハイマツの移動《いどう》するありさま。えださきがのびるにしたがって，根《ね》もとがかれて死《し》んでいく。

ハイマツは、なまえのとおりはってうごきます。えださきがのびて根《ね》づくと、もとの根《ね》もとがかれて、しだいに移動《いどう》していきます。これは、栄養《えいよう》をすいつくした古《ふる》い土《と》地《ち》よりも、新《あたら》しい土地《とち》のほうが養分《ようぶん》がたくさんあるからなのです。

また高山植物《こうざんしょくぶつ》のなかには、つよい風《かぜ》にいためつけられないように、せが低《ひく》く小《ちい》さなすがたをしているものがありますが、からだのわりには大《おお》きな花《はな》をつけています。これは、少《すこ》しでもよくめだち、こん虫《ちゅう》たちをひきつけ、花《か》ふんをはこんでもらい、子孫《しそん》をふやすためです。これもきびしい環境《かんきょう》のもとで、高山植《こうざんしょく》物《ぶつ》がみにつけたちえです。

●お花畑《はなばたけ》および特産種《とくさんしゅ》

※地図《ちず》にはお花畑《はなばたけ》の性質《せいしつ》と，その地方《ちほう》の特産《とくさん》，またはそれにちかい植《しょく》物《ぶつ》をのせました。そのほかに，左《ひだり》のページのような植物《しょくぶつ》があり，いつごろさくのかがわかるようになっています。

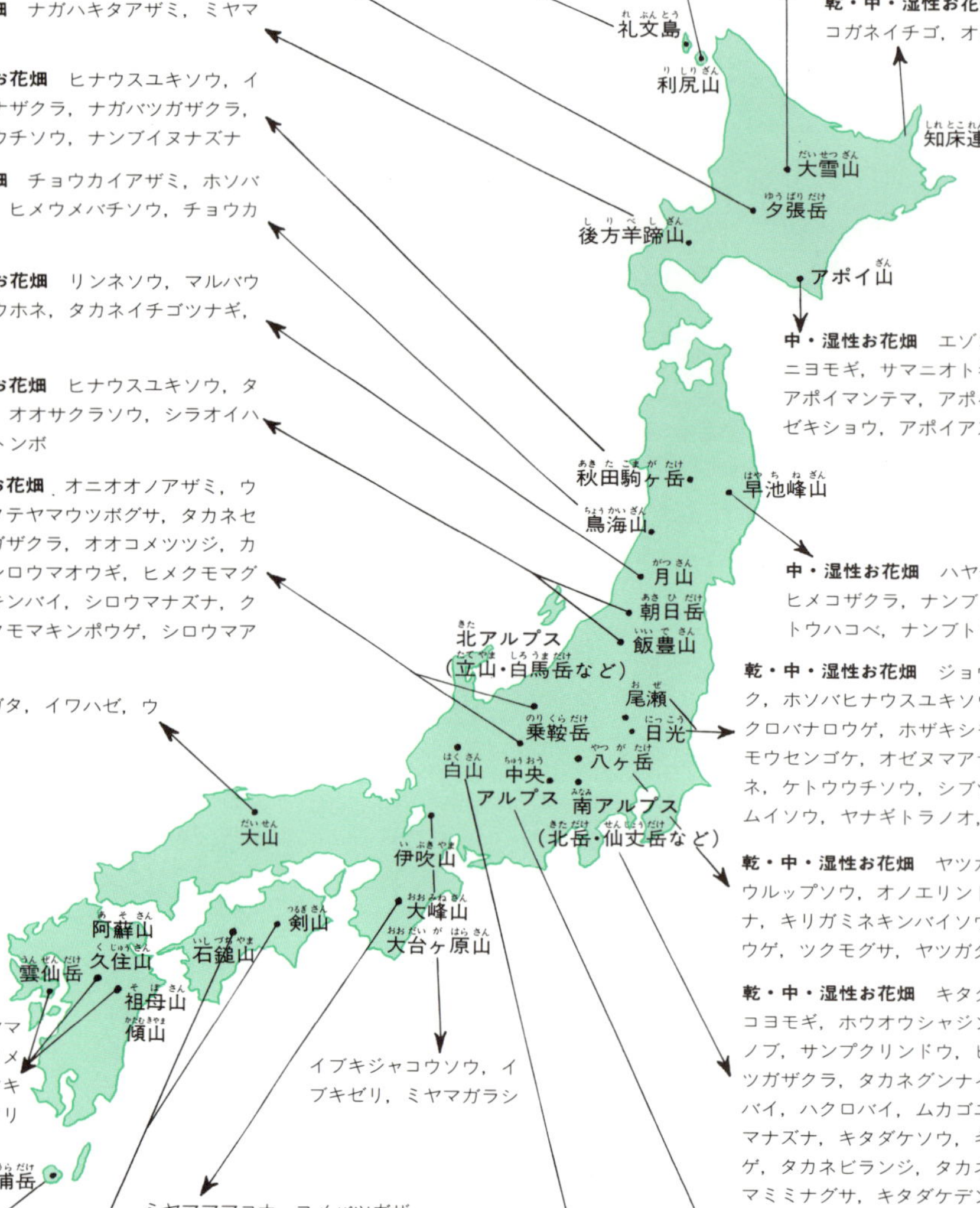

中・湿性お花畑　レブンウスユキソウ，レブンアツモリソウ，レブンサイコ

乾・中・湿性お花畑　ユウバリソウ，シソバキスミレ，ジンヨウキスミレ，ミヤマイワデンダ

中・湿性お花畑　ナガハキタアザミ，ミヤマママコナ

乾・中・湿性お花畑　ヒナウスユキソウ，イワブクロ，ヒナザクラ，ナガバツガザクラ，シロバナトウウチソウ，ナンブイヌナズナ

中・湿性お花畑　チョウカイアザミ，ホソバイワベンケイ，ヒメウメバチソウ，チョウカイフスマ

乾・中・湿性お花畑　リンネソウ，マルバウスゴ，オゼコウホネ，タカネイチゴツナギ，ヤチスギラン

乾・中・湿性お花畑　ヒナウスユキソウ，タカネセンブリ，オオサクラソウ，シラオイハコベ，タカネトンボ

乾・中・湿性お花畑　オニオオノアザミ，ウルップソウ，タテヤマウツボグサ，タカネセンブリ，コツガザクラ，オオコメツツジ，カライトソウ，シロウマオウギ，ヒメクモマグサ，タテヤマキンバイ，シロウマナズナ，クモマナズナ，クモマキンポウゲ，シロウマアサツキ

ダイセンクワガタ，イワハゼ，ウメハタザオ

コケモモ，ミヤマビャクシン，コメススキ，ミヤマキリシマ，ユキワリソウ

タカネニガナ，キバナノコマノツメ，ミヤマビャクシン，コタヌキラン

タカネニガナ，ミヤマコウゾリナ，ハクロバイ，ミヤマビャクシン，ツガザクラ，タカネバラ，ハクサンイチゲ，ミヤマワラビ

中・湿性お花畑　リシリオウギ，ボタンキンバイソウ，リシリヒナゲシ，リシリシノブ

イブキジャコウソウ，イブキゼリ，ミヤマガラシ

ミヤマママコナ，コメバツガザクラ，ハクロバイ，ミヤマビャクシン，コタヌキラン

乾・中・湿性お花畑　ハクサンシャジン，ハクサンオオバコ，ハクサンコザクラ，ハクセンナズナ

乾・中・湿性お花畑　ナガハキタアザミ，ユキバヒゴタイ，チシマイワブキ，キバナシオガマ，メアカンキンバイ，エゾオヤマノエンドウ，チシマゲンゲ，ホソバウルップソウ，ミヤマイワデンダ

乾・中・湿性お花畑　ウコンウツギ，コガネイチゴ，オオバタケシマラン

中・湿性お花畑　エゾコウゾリナ，サマニヨモギ，サマニオトギリ，ヒダカソウ，アポイマンテマ，アポイハハコ，アポイゼキショウ，アポイアズマギク

中・湿性お花畑　ハヤチネウスユキソウ，ヒメコザクラ，ナンブトウウチソウ，カトウハコベ，ナンブトラノオ

乾・中・湿性お花畑　ジョウシュウアズマギク，ホソバヒナウスユキソウ，コウシンソウ，クロバナロウゲ，ホザキシモツケ，ナガバノモウセンゴケ，オゼヌマアザミ，オゼコウホネ，ケトウウチソウ，シブツアサツキ，ホロムイソウ，ヤナギトラノオ，オゼソウ

乾・中・湿性お花畑　ヤツガタケタンポポ，ウルップソウ，オノエリンドウ，ヒメアカバナ，キリガミネキンバイソウ，タカネキンポウゲ，ツクモグサ，ヤツガタケシノブ

乾・中・湿性お花畑　キタダケヨモギ，ハハコヨモギ，ホウオウシャジン，ミヤマハナシノブ，サンプクリンドウ，ヒメセンブリ，コツガザクラ，タカネグンナイフウロ，キンロバイ，ハクロバイ，ムカゴユキノシタ，クモマナズナ，キタダケソウ，キタダケキンポウゲ，タカネビランジ，タカネマンテマ，ミヤマミミナグサ，キタダケデンダ，キタダケナズナ，キタダケトリカブト

乾・中・湿性お花畑　ハハコヨモギ，コマウスユキソウ，シナノヒメクワガタ，コマガタケスグリ，ウメハタザオ

●どこの山《やま》に，どんな花《はな》が，いつごろさくでしょうか

○は花《はな》があることを意味《いみ》します。花期《かき》は，ひとつの山《やま》でなく，ひろいはんいのうえ，山《やま》の高《たか》さもそれぞれちがうので，ふつうより，早《はや》くからおそくまでのびています。

大《だい》雪《せつ》山《ざん》	月《がっ》山《さん》	鳥《ちょう》海《かい》山《ざん》	秋《あき》田《た》駒《こま》ケ《が》岳《たけ》	尾《お》瀬《ぜ》	八《やつ》ケ《が》岳《たけ》	白《はく》山《さん》	乗《のり》鞍《くら》岳《だけ》	白《しろ》馬《うま》岳《だけ》	立《たて》山《やま》	仙《せん》丈《じょう》岳《だけ》	北《きた》岳《だけ》	山《さん》名《めい》／花期《かき》／花《か》名《めい》	5月《がつ》上旬	5月中旬	5月下旬	6月《がつ》上旬	6月中旬	6月下旬	7月《がつ》上旬	7月中旬	7月下旬	8月《がつ》上旬	8月中旬	8月下旬	9月《がつ》上旬	9月中旬	9月下旬
○	○	○	○	○		○	○	○	○			ミズバショウ	—	—	—	—	—	—									
○	○	○	○	○	○	○	○	○	○	○	○	サンカヨウ			—	—	—	—	—								
○	○	○	○	○	○	○	○	○	○	○	○	シラタマノキ				—	—	—	—	—							
○	○	○	○	○	○	○	○	○	○	○	○	キバナノコマノツメ								—	—	—	—				
○	○	○	○	○	○	○	○	○	○	○	○	ニッコウキスゲ							—	—	—						
											○	キタダケソウ					—	—	—								
○	○	○	○	○	○	○	○	○	○	○	○	ハクサンイチゲ				—	—	—	—	—	—	—	—				
○	○				○	○	○	○	○	○	○	クロユリ					—	—	—	—	—	—	—				
○	○	○	○	○	○	○	○	○	○	○	○	ミヤマキンポウゲ						—	—	—	—	—	—				
○	○			○	○	○	○	○	○	○	○	シナノキンバイ					—	—	—	—	—	—					
○	○	○	○	○	○	○	○	○	○	○	○	アオノツガザクラ						—	—	—	—	—	—				
○			○		○	○	○	○	○	○	○	イワベンケイ					—	—	—	—	—						
○	○		○	○	○	○	○	○	○	○	○	ミヤマダイコンソウ					—	—	—	—	—	—	—				
○			○		○		○	○	○	○	○	チシマギキョウ							—	—	—	—	—	—			
○		○	○		○	○	○	○	○	○	○	イワギキョウ							—	—	—	—	—				
							○	○	○	○	○	タカネヤハズハハコ					—	—	—	—	—	—	—				
○	○	○	○	○	○	○	○	○	○	○	○	チングルマ				—	—	—	—	—	—	—					
○			○	○	○			○				コマクサ							—	—	—	—					
				○	○	○	○	○	○	○	○	ミネウスユキソウ					—	—	—	—	—	—					
○	○	○	○	○	○	○	○	○	○	○	○	クルマユリ							—	—	—	—	—				
○	○	○	○	○	○	○	○	○	○	○	○	ウサギギク							—	—	—	—	—				
				○								ホソバヒナウスユキソウ							—	—	—	—					
○	○	○										エゾツガザクラ							—	—	—	—					
○			○									エゾツツジ								—	—	—	—				
						○	○	○	○	○	○	オヤマノリンドウ												—	—	—	—
				○	○	○	○	○	○	○	○	トウヤクリンドウ								—	—	—	—	—	—		
	○				○			○		○	○	タカネマツムシソウ											—	—	—	—	—
								○			○	シロウマリンドウ														—	—

あとがき

この本《ほん》は、高山植物《こうざんしょくぶつ》とはどういうものかということを、みなさんにしっていただくためのものです。なかの写真《しゃしん》のうち、何枚《なんまい》かは高山植物《こうざんしょくぶつ》でないものもありますが、ふつうには、高山植物《こうざんしょくぶつ》といってさしつかえないものです。

私《わたくし》がはじめて高山植物《こうざんしょくぶつ》の美《うつく》しいすがたをみたのは、十八才《さい》の夏《なつ》に南《みなみ》アルプスにのぼったときです。そのころは、まだ登山道《とざんどう》がしっかりしていなかったので、夜《よ》なかに出発《しゅっぱつ》した私《わたくし》は、道《みち》がよくわからず、ずいぶん苦労《くろう》しました。しかし、頂上《ちょうじょう》にのぼりついて、朝《あさ》やけの山《やま》やまをながめ、足《あし》もとにさく色《いろ》とりどりの高《こう》山植物《ざんしょくぶつ》をみたとき、私《わたくし》はそれまでの苦《くる》しさをすっかりわすれていました。

それからずいぶんと長《なが》い年月《ねんげつ》がたちましたが、いまでも私《わたくし》は十八才《さい》のときのまま、高山植物《こうざんしょくぶつ》がすきですきでしかたがありません。この本《ほん》の写真《しゃしん》をごらんになったみなさんも、きっと、この美《うつく》しく、かわいらしい高山植物《こうざんしょくぶつ》をすきになられたことでしょう。

山《やま》にいったら、お花畑《はなばたけ》をふみあらしたり、高山植物《こうざんしょくぶつ》をおったりしないよう、おともだちどうし、よく注意《ちゅうい》してください。そして、写真《しゃしん》をとったり、スケッチをしたりして、よく観察《かんさつ》し、もっともっと、このかわいらしい花《はな》たちのことを勉強《べんきょう》してください。

白籏史朗《しらはたしろう》
（一九七四年五月）

NDC471
白籏史朗
科学のアルバム　植物5
高山植物の一年

あかね書房 2018
54P　23×19cm

科学のアルバム
高山植物の一年

一九七四年五月初版
二〇〇五年四月新装版第一刷
二〇一八年五月新装版第一〇刷
著者　白籏史朗
発行者　岡本光晴
発行所　株式会社 あかね書房
〒一〇一－〇〇六五
東京都千代田区西神田三－二－一
電話〇三－三二六三－〇六四一（代表）
http://www.akaneshobo.co.jp
印刷所　株式会社 精興社
写植所　株式会社 田下フォト・タイプ
製本所　株式会社 難波製本

ISBN978-4-251-03331-4
定価は裏表紙に表示してあります。
落丁本・乱丁本はおとりかえいたします。

○表紙写真
・コマクサ
○裏表紙写真（上から）
・ハヤチネウスユキソウ
・マルバダケブキ
・アズマシャクナゲ
○扉写真
・クガイソウ
○もくじ写真
・北岳《きただけ》の中性《ちゅうせい》お花畑《はなばたけ》

科学のアルバム

全国学校図書館協議会選定図書・基本図書
サンケイ児童出版文化賞大賞受賞

虫

- モンシロチョウ
- アリの世界
- カブトムシ
- アカトンボの一生
- セミの一生
- アゲハチョウ
- ミツバチのふしぎ
- トノサマバッタ
- クモのひみつ
- カマキリのかんさつ
- 鳴く虫の世界
- カイコ まゆからまゆまで
- テントウムシ
- クワガタムシ
- ホタル 光のひみつ
- 高山チョウのくらし
- 昆虫のふしぎ 色と形のひみつ
- ギフチョウ
- 水生昆虫のひみつ

植物

- アサガオ たねからたねまで
- 食虫植物のひみつ
- ヒマワリのかんさつ
- イネの一生
- 高山植物の一年
- サクラの一年
- ヘチマのかんさつ
- サボテンのふしぎ
- キノコの世界
- たねのゆくえ
- コケの世界
- ジャガイモ
- 植物は動いている
- 水草のひみつ
- 紅葉のふしぎ
- ムギの一生
- ドングリ
- 花の色のふしぎ

動物・鳥

- カエルのたんじょう
- カニのくらし
- ツバメのくらし
- サンゴ礁の世界
- たまごのひみつ
- カタツムリ
- モリアオガエル
- フクロウ
- シカのくらし
- カラスのくらし
- ヘビとトカゲ
- キツツキの森
- 森のキタキツネ
- サケのたんじょう
- コウモリ
- ハヤブサの四季
- カメのくらし
- メダカのくらし
- ヤマネのくらし
- ヤドカリ

天文・地学

- 月をみよう
- 雲と天気
- 星の一生
- きょうりゅう
- 太陽のふしぎ
- 星座をさがそう
- 惑星をみよう
- しょうにゅうどう探検
- 雪の一生
- 火山は生きている
- 水 めぐる水のひみつ
- 塩 海からきた宝石
- 氷の世界
- 鉱物 地底からのたより
- 砂漠の世界
- 流れ星・隕石